薛定谔的猫

小问号童书　著/绘

中信出版集团 | 北京

图书在版编目（CIP）数据

薛定谔的猫 / 小问号童书著绘 . -- 北京 : 中信出
版社 , 2023.7
ISBN 978-7-5217-5145-1

Ⅰ . ①薛… Ⅱ . ①小… Ⅲ . ①量子力学 - 少儿读物
Ⅳ . ① O413.1-49

中国版本图书馆 CIP 数据核字 (2022) 第 252582 号

薛定谔的猫

著 绘 者：小问号童书
出版发行：中信出版集团股份有限公司
　　　　　（北京市朝阳区东三环北路27号嘉铭中心　邮编　100020）
承 印 者：北京启航东方印刷有限公司

开　　本：710mm×1000mm　1/16　　印　　张：2.5　　字　　数：59千字
版　　次：2023年7月第1版　　　　　印　　次：2023年7月第1次印刷
书　　号：ISBN 978-7-5217-5145-1
定　　价：20.00元

出　　品：中信儿童书店
图书策划：神奇时光
总 策 划：韩慧琴
策划编辑：刘颖
责任编辑：房阳　　　营　　销：中信童书营销中心
封面设计：姜婷　　　内文排版：王莹

猫先生房子里有两位特殊的客人，
但谁也没见过他们。
传说，如果他们被人看见，
不好的事情就会发生。

　　埃尔温是个科学家，无论是白天还是晚上，他总在实验室里乒乒
乓乓地做实验。

不过，他的实验总是失败。

他发明过植物生长液——
导致植物长太大, 顶破了屋子。

他制作过神奇折叠箱——
放进去的生物都不知生死。

他还研究过小个子精华——结果把自己变得还不
如一只草履虫大!

3

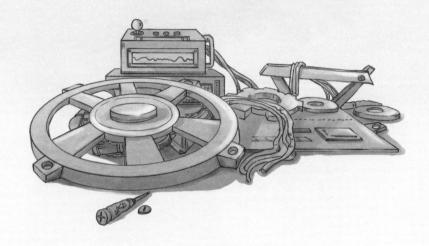

　　这回，埃尔温又发明了一扇时空穿越门——只要通过这扇门，就能穿越时空！

　　"这次一定能成功！"埃尔温激动地打开时空穿越门。一道刺目的白光闪过，两只猫从时空穿越门里跌了出来！

两个陌生的访客和埃尔温都瞪大了眼睛。

"你们是谁？为什么和我长得一模一样？"埃尔温惊讶极了。

"嘿！我告诉你，你别想玩什么把戏，我的丛林冒险就要开始了，赶紧把我送回去，不然我要你好看！"戴草帽的猫先生气得眼睛能喷火。

"我的画儿……只差一点，就差一点了，我的画儿差一点就画完了……"拿画笔的猫先生急得直掉眼泪。

埃尔温拿出扫描仪，把自己和新来的两个猫先生上上下下，前前后后都仔细地扫描了一遍。结果显示，他们三个的相似度是100%，也就是说，他们三个是同一只猫！

他激动地蹦起来："平行世界！我的时空穿越门打开了平行世界！实验成功了！"

宇宙中有无数个平行世界，每个平行世界既相似又不同，每个平行世界都有一个埃尔温，他们也既相似又不同。如果不是这个世界的埃尔温胡乱研究时空，他们一辈子都不会见到对方。

不过，除了长得一样，他们没有其他相同点。

我的画儿马上就要完成了，我只想回到自己的世界。

平行世界！这一定是有史以来最酷的大冒险。

　　艺术家埃尔温立志要将自己的一生献给艺术："艺术才是生命的最高追求！"

　　"最厉害的埃尔温就该是个冒险家！"冒险家埃尔温对自己的冒险经历十分骄傲。

　　科学家埃尔温也大声嚷嚷："最厉害的埃尔温就该是个科学家！"实验成功了，他就像一只开屏的孔雀，恨不能向每一个人炫耀。

"是我的朋友们！"
科学家埃尔温急忙去开门，
"我要把你们介绍给他们，
让他们看看我的新发明！"

"啊！不对！让我想
一想！似乎不能让他们看
见你们！"正要打开门的
科学家埃尔温像是突然想
起了什么，"如果被看到，
你们可能会消失。"

冒险家埃尔温和艺术
家埃尔温想到身体可能会
消失，吓得毛都竖了起来。

"我们为什么会消失？"

"你这个实验室有问题？"

"不只是你们，要是被看到，我也可能会消失。"
科学家埃尔温喃喃自语。

"太可怕了，我要回家！我要回家！！"冒险家埃
尔温和艺术家埃尔温害怕极了，他们冲过去打开时空穿
越门。

"快把它关上！怎么会这样！"

现在！马上！快送我们回家！

是你！这都是你的实验造成的！

　　科学家埃尔温飞快地翻阅着成堆的科学用书，终于确认了他们不能被看到。

　　"这都是平行世界的错！"他把责任推得干干净净，"每个平行世界只能有一个埃尔温，但这里现在有三个埃尔温，所以，我们的属性被改变了！"

　　"现在，我们所有人都不能出实验室，不能开门、不能开窗，更不能被外面的人看到，否则，就会有两个埃尔温随机消失，严重的话，可能会彻底消失！"

"我要回家，我不要被困在这里，救命！"

"都怪你这该死的实验！"

但不管他们怎样大吵大闹，外面的人一点声音也听不到。实验室困住了他们的身体，也困住了他们的声音。

埃尔温的朋友们迟迟没有等到人来开门，也没听到什么动静，他们从窗户往里看，想要看看埃尔温在里面忙些什么。

"啊啊啊啊啊！快拉上窗帘！"

埃尔温呢？不是说好邀请我们来看新发明吗？

是不是做实验忘记时间了？

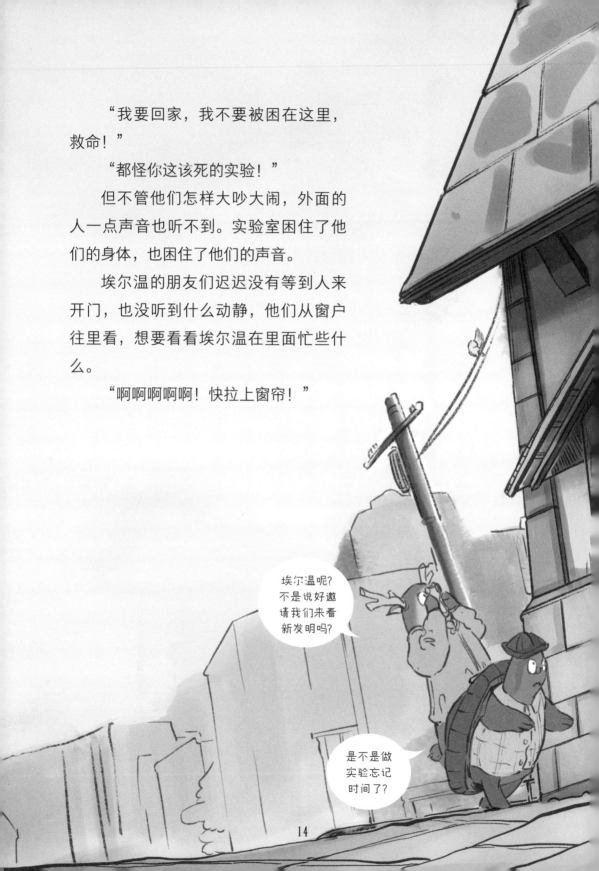

艺术家埃尔温猛地冲上前，快速地拉上了窗帘。

"天哪！绝不能让任何人看到我们！"他们用柜子抵着门、封死所有的窗子，保证一点光都进不了实验室。

可即便是这样，三个埃尔温还是很不安，竖着耳朵听外面的动静。

"里面有人吗？"

"窗帘被拉上了，看不到啊！"

"屋子里好像没人，我们回去吧。"

"邀请我们又放我们鸽子，哼！"

屋外的脚步声渐渐远去。

危机暂时解除了，但只要他们三个还待在这个实验室里，待在同一个世界，就随时有消失的危险。三个埃尔温情绪紧张，互相指责，大吵大闹。

"不要吵架，不要吵架！"科学家埃尔温脑袋都快要炸了。突然，他想到了一个好主意："我有办法送你们回家了！"

冒险家埃尔温不耐烦道："你是说那扇该死的时空穿越门吗？"

"一打开时空穿越门，我们就会消失！"艺术家埃尔温补充道。

"放心，我有新的办法。"科学家埃尔温很有信心。

科学家埃尔温拿出了自己以前发明的时光机。时光机可以帮助人们回到过去，艺术家埃尔温和冒险家埃尔温不是这个世界的猫，他们的过去也不在这个世界。只要时光倒流，艺术家和冒险家就可以回到昨天——自己世界里的昨天！

　　"你还是有点儿本事的！"冒险家埃尔温说。

　　"听起来真不错！"艺术家埃尔温非常兴奋。

　　时光机开始运作，

　　时光机剧烈晃动，

　　时光机冒起黑烟，

　　……

　　"嘭！"时光机爆炸了。

　　"咳咳咳——" 浓烟散去，艺术家埃尔温和冒险家埃尔温咳嗽着从报废的时光机里爬出来。

　　三个猫先生同时瞪大了眼睛，他们并没有回到昨天。

21

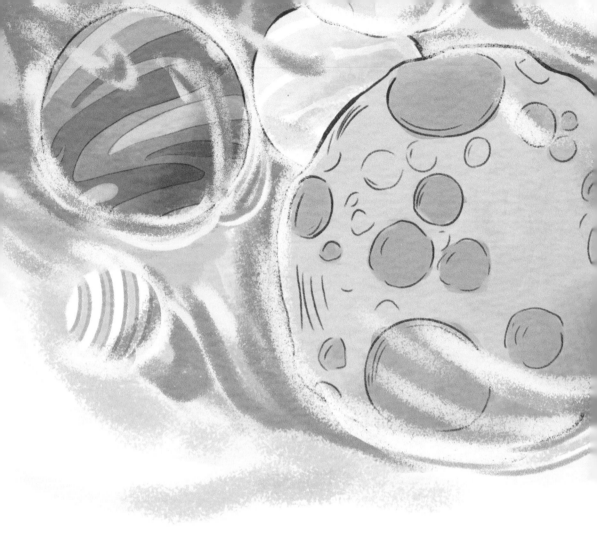

科学家埃尔温不放弃，他又想到了捕星器。

"天上的每一颗星都有引力。引力越大，吸引的东西越多；引力越小，吸引的东西越少。"科学家埃尔温认为，只要捕捉的星星够大、够多，它们就能产生一个巨大的、可以扭曲时空的引力，重新连接平行世界。

"那得要多少颗星星才够啊！"艺术家埃尔温和冒险家埃尔温嘟囔道。使用捕星器时，他们一直强调："加大能量！""还不够！""加到最大，星星越多越好！"

"嘭——嘭——嘭！"地面剧烈颤抖，三个埃尔温全摔倒在地。

他们缩在桌子底下，害怕得直发抖。

捕星器控制不了这么多星星，漂亮的星星一旦失控，就变成了恐怖的灾难。

怎么回事？

地震了吗？

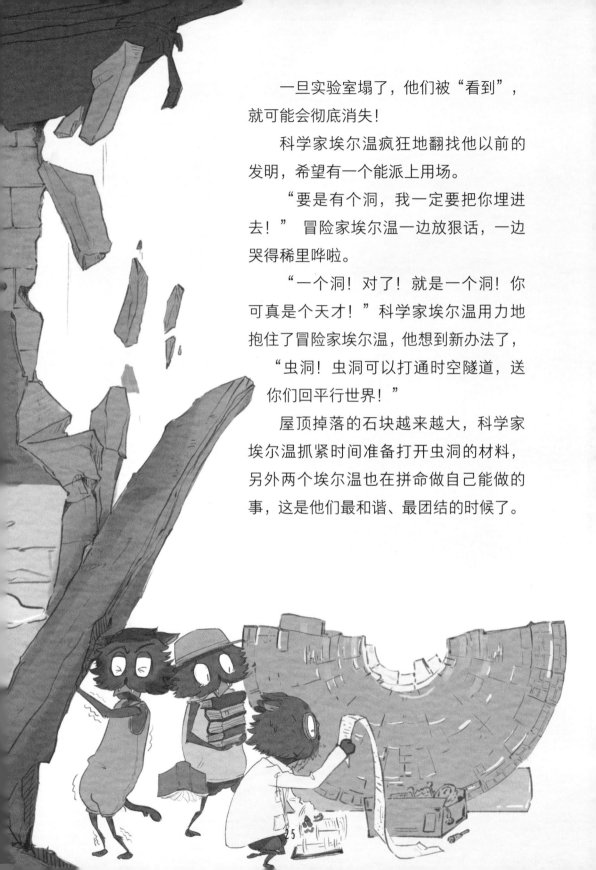

　　一旦实验室塌了，他们被"看到"，就可能会彻底消失！

　　科学家埃尔温疯狂地翻找他以前的发明，希望有一个能派上用场。

　　"要是有个洞，我一定要把你埋进去！"冒险家埃尔温一边放狠话，一边哭得稀里哗啦。

　　"一个洞！对了！就是一个洞！你可真是个天才！"科学家埃尔温用力地抱住了冒险家埃尔温，他想到新办法了，

　　"虫洞！虫洞可以打通时空隧道，送你们回平行世界！"

　　屋顶掉落的石块越来越大，科学家埃尔温抓紧时间准备打开虫洞的材料，另外两个埃尔温也在拼命做自己能做的事，这是他们最和谐、最团结的时候了。

但这个好氛围没有维持多久。

虫洞终于打开了。

看着深不见底的虫洞，艺术家埃尔温和冒险家埃尔温都不想第一个下去。

时间来不及了，科学家埃尔温一脚把他们两个踹进了虫洞。

实验室的屋顶和墙壁
已经开始摇摇晃晃，更多、
更大的碎石块掉落下来。

科学家埃尔温连忙钻
进一旁的箱子里。

"我回来啦！"艺术家埃尔温和冒险家埃尔温都回到了自己的世界。此时，连接他们三个平行世界的通道还没有彻底消失，他们惊叹地看着承载对方世界的小光球，"原来这就是平行世界啊！"

"这绝对是我经历过的最疯狂的冒险，"冒险家埃尔温坦言道，"我其实不是一个厉害的冒险家，我的冒险一点也不厉害。"

"我也不是厉害的艺术家，"艺术家埃尔温说，"根本没有人欣赏我的艺术。"

不过，他们说得不对。每个平行世界的埃尔温都不一样，每一个埃尔温都特别棒！

平行世界之间的通道马上就要关闭了，艺术家埃尔温和冒险家埃尔温准备和科学家埃尔温好好告别，他们看向了他所处的世界。

不过，科学家埃尔温去哪里了？怎么没看见他？

在实验室的废墟上，他们发现了一个可疑的箱子，箱子周围散落着科学家埃尔温的眼镜和实验服。

"他一定是躲到箱子里了！"

这个箱子看上去可真危险！他自己能出来吗？

可能吧。

"薛定谔的猫" 是什么?

埃尔温·薛定谔

埃尔温·薛定谔（1887—1961）是奥地利物理学家，量子力学奠基人之一，曾获 1933 年诺贝尔物理学奖。

"薛定谔的猫"是薛定谔设想的一个思维实验。这个实验是这样的：假设把一只猫放进一个封闭的、不透明的箱子里，箱子中有一个特殊的装置，其中包含一个原子核和一个毒气瓶。

假设这个原子核有 50% 的可能会发生衰变，衰变时发射出一个粒子，激发特殊装置，打碎毒气瓶，箱子里的猫就会被毒死。但这个原子核也有 50% 的可能不发生衰变，毒气瓶没被打碎，箱子里的猫活得好好的。

50%

如果不打开箱子，箱子外的我们无法知道原子核是否发生了衰变，也就没办法判断猫的生死。但根据我们的日常经验，箱子里的猫无非就是两种状态：活着或者死去。可事情真有这么简单吗？

原子核衰变
又不衰变

毒气瓶打碎
又没打碎?

猫又死又活??

薛定谔认为，在打开箱子观测之前，决定猫生死的原子核处于衰变和没有衰变的"叠加态"。相应地，猫也处于死和活的"叠加态"中。也就是说，在打开箱子看到猫之前，我们不能说猫是死的，也不能说它是活的，因为我们不能确定猫的生死。因此，箱子里的猫此时既可以是死的，又可以是活的。

世界上真的有既死又活的猫吗？想知道这个问题，我们需要先明白什么是"叠加态"。

既死又活的猫到底是什么样子？

是我这样吗？

不要乱动我的颜料!

背后的理论: 什么是叠加态

依据我们的日常经验，一个东西在某一时刻，它的状态一定是确定的。抛出一枚硬币，再将其合在手心，哪怕我们不去看，也知道此时硬币要么是正面，要么是反面，不可能既是正面，又是反面。

如果我们说故事中的科学家埃尔温现在既在"屋里"，又在"屋外"，这肯定不对，因为他不能同时出现在两个地方，即使我们不去看，埃尔温的状态也一定是确定的，要么在"屋里"，要么在"屋外"。

我在屋里看书。

我在屋外钓鱼。

不过在微观世界，情况大不相同，微观粒子可以既在"屋里"，又在"屋外"。这两种状态按一定概率叠加，从而形成一种混合状态——叠加态。

因此，箱子里的原子核是处在一种奇妙的叠加态中，它既是衰变了的，又是没有衰变的。由于原子核的衰变与否决定了猫的生死，薛定谔就认为，箱子里的猫也处在叠加态中，猫可以既是死的，又是活的。

粒子

我的**叠加态**
影响不到它。

世界上真有"既死又活"的猫吗?

在我们的日常生活中,根本不可能有"既死又活"的猫。薛定谔的猫这一思想实验,曾一度成为研究量子力学的科学家的噩梦。为了找出这个思维实验的错误,无数科学家想秃了头。后来科学家们终于证明:在打开箱子之前,箱子里的原子核的确是处于已衰变和未衰变的叠加态中,但是箱子里的猫不是微观世界的粒子,不会受到原子核叠加态的影响,它的生死是已经确定了的,世界上不存在既死又活的猫。

如何打破"叠加态"

叠加态的存在,是量子力学最大的奥秘,也是量子现象让人感觉很神秘的根源。可是打破粒子的叠加态却很简单——只要去看一看就好了。

一旦去观测了,这个原子核的状态就会被确定,要么"衰变",要么"没有衰变",也就是说原子核的叠加态被打破了,这个过程又叫作"坍缩"。

这就是我们一旦被看到,就会马上消失两个的原因。